倉敷昆虫館は、2022年に開館60周年を迎えることができました。まさに、このタイミングにふさわしく、この度、書肆亥工房より、倉敷昆虫館をテーマにした本が発刊されることは、誠に喜ばしい限りです。

昆虫館は1962年（昭和37年）11月3日に、標本展示スペースと温室を備えた昆虫飼育室から成る博物館として、先代の病院理事長である重井博を館長とし、当時の重井病院4階屋上で

そして、倉敷昆虫同好会（1951年発足）の仲間による、長年の岡山県の昆虫の実態 …… の努力の結実した姿が今の …… もない

同館は、…… 2013年 …… 多目的ホールに移 …… 、000種15、0 …… 小さなビオトープ …… ます。

さて、…… って編纂した書物 …… 『岡山県の昆虫― …… 報告書―』

れに続く書物は刊行されてきませんでした。

今回、刊行される倉敷写真文庫では、倉敷昆虫館の長年の全体像を明らかにする内容となっており、多くの方々の努力により、素晴らしい一冊が誕生いたしました。

自然を愛し、自然保護に寄与する存在として、倉敷昆虫館が今後も末永くあることを心より願っております。

（医療法人創和会理事長　重井文博）

◇ 倉敷写真文庫 2 ◇

なぜ病院に昆虫館があるの？

倉敷昆虫館

もくじ

なぜ病院の中に昆虫館？（倉敷昆虫館の歴史）

■自然・昆虫を愛した創設者の重井博

倉敷昆虫館は、医療法人創和会しげい病院の創設者故重井博がしげい病院内に開設した博物館です。重井博は幼い頃から野口英世にあこがれを持っていて医師となりましたが、実は根からの「生物屋・虫屋」でした。しげい病院・重井医学研究所・同附属病院の開設者であると共に、倉敷昆虫館・重井薬用植物園の設立や倉敷市立自然史博物館開設への協力、また自然保護運動の指導者としての活動からも、優れた医学者であり、自然を探究するひとでした。昭和20年（1945年）の年末近くに誕生した「岡山博物同好会」の会員の中から特に昆虫に興味を持つ人が集まって「倉敷昆虫同好会」が誕生しました。この岡山博物同好会や倉敷昆虫同好会に重井博も参加していました。重井博は専門の医学研究に専念する傍ら、関連した昆虫学分野の「衛生害虫」の研究にも力を注いでいました。

ヒイゴ池に建立された重井 博への感謝の碑（二〇〇〇年建立）

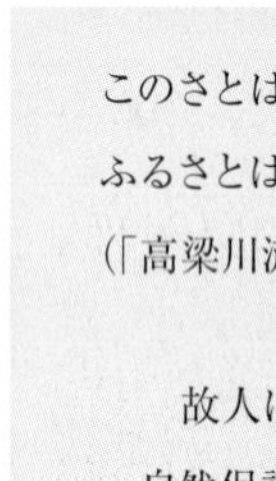

昆虫調査に励む（現高梁市吹屋にて）

このさとは清き流れがありてこそ！
ふるさとは豊かな緑がありてこそ！
（「高梁川流域の水と緑を守る会」の創立宣言より）

故人は自然をこよなく愛し
自然保護に情熱を傾けました

■科学博物館創設計画

重井博は、昭和36年（1961年）12月、倉敷市旭町（現在の倉敷市鶴形1丁目）の自宅兼診療所に倉敷昆虫同好会幹事4名を招き、「昆虫科学博物館創設計画」について説明して協力を求めました。この場で幹事らから開設への同意を得ると共に、倉敷昆虫同好会の顧問をも依頼されました。昭和37年（1962年）2月25日に開催された倉敷昆虫同好会の1962年度第1回例会の総会で、重井博により「倉敷昆虫科学館（仮称）の構想」と題して昆虫館開設の詳細が発表されました。

■倉敷昆虫館の開館

このようにして倉敷昆虫館は昭和37年（1962年）11月3日の文化の日に重井病院（現しげい病院）の4階屋上に開館しました。館内には展示室と研究室が設けられ、館長には重井博が就任しました。展示室には重井博のこれまでの調査記録標本と、倉敷昆虫同好会発足以来11年間会員が継続してきた岡山県内の調査記録標本を中心に、県外産、外国産を含め

国地方で初めての施設となりました。

倉敷昆虫館は、倉敷昆虫同好会の会員が管理、運営、研究に携わる形式で、全国の博物館や昆虫館の運営形態とは一線を画すユニークな昆虫館としてスタートしました。昆虫の調査研究をされている方々にとっては、ここが気軽な情報交換の場でもあり、また今後の調査実施のための拠点的存在と言える場所でもありました。（このとき以来昆虫館が倉敷昆虫同好会

開館当時の病院と昆虫館

見学者で賑わう館内

の事務局になっています）もちろん一般の方へは無料で公開し、開館は土曜日午後1時からで、来館者への対応には倉敷昆虫同好会の会員が交替で当たりました。昆虫館では毎年、11月3日の開館記念日には「昆虫祭」を開催して、いろいろな特別行事をおこない、また夏季には「昆虫同定会」を開催して大勢が参加し大変賑わっていました。

■活発に調査活動を開始

重井博は同好会員と協力し、昭和38年（1963年）5月の新庄村地域の森林での調査を皮切りに、昆虫館を拠点として活発な調査活動を開始しました。この結果、昆虫館の所蔵標本も、調査困難であった地域の昆虫など増加の一途をたどりました。

■倉敷昆虫館新館の開館

昭和50年（1975年5月17日）に新築された重井病院本館8階に倉敷昆虫館新館が開館しました。8月24日には倉敷昆虫館新装開館記念昆虫祭が開催されました。

■「財団法人倉敷昆虫館」構想と自然史博物館開館

重井博は、かねてから倉敷昆虫館を独自の施設として病院とは別の場所に建設、再度の移転を考えており、既に設計図も用意していました。場所の候補地として3ヶ所ほどあり、中でも一番の候補地として現在の「倉敷市鶴形2丁目公園」（東小学校運動場から道を隔てた東側）を選んでいました。

ところがその後、倉敷市が新庁舎へ移転後の旧庁舎の跡地の利用方法を検討中ということを耳にした重井博は、旧水道局庁舎を利用して市立博物館（含昆虫部門）を建設するという運動を先頭に立って展開し、同好会も後押しして、遂に要望は受け入れられました。倉敷市立自然史博物館オープンへ向けて昆虫館は可能な範囲で協力し、貴重なもの、珍しいもの、そして当座の展示に役に立ちそうな標本を選んで提供し、昭和58年（1983年）11月3日、倉敷市立自然史博物館が開館しました。

■倉敷昆虫館の再開館

史博物館に寄贈したことや、当時他の地域で開催されていた昆虫展への出展等と重なったこともあって、本来の展示は未整理のままで、昭和58年（1983年）10月より休館状態となりました。その後、平成2年（1990年）5月1日に倉敷昆虫同好会会員の小野洋が常勤職員として着任し、医療法人創和会の管理となりました。小野は、昆虫館の展示室の整備を行い、平成3年（1991年）8月1日に再オープンしました（日曜日を除き開館）。

また、同年6月には重井博館長が発起人となり「高梁川流域の水と緑を守る会」が創立され重井博が会長に、そして倉敷昆虫館が事務局となりました。

■創設者重井博逝去

創設者重井博が平成8年（1996年）8月24日に急逝しました。倉敷昆虫同好会の会員や自然保護活動に携わっておられた方々にとっても、まさに大黒柱を失った状態となりました。

■三越「大昆虫展」に協力

平成9年（1997年）には三越倉敷店の夏休み特別企画「大昆虫展」（8月5日～17日）に協力しました。標本は当時昆虫館で展示中の中から31箱を選んで出展し、昆虫教室の当番は、毎日倉敷昆虫同好会の会員数名が担当することになり、「昆虫教室」では、同好会の会員がチョウの軟化・展翅等の指導で大活躍し、黒山の人だかりで大盛況でした。12日間の入場者数は3万人を超えたとのことでした。

■昆虫館の改造とホームページの開設

平成11年（1999年）1月に昆虫館のホームページを開設しました。昆虫館の紹介の他、昆虫館が展示

している昆虫を紹介する「展示室」や「ニュースや昆虫館便り」「岡山県産の貴重な標本」などで構成されています。多くの方からのアクセスがあり、平成16年（2004年）には月間4、000件を突破しました。

一方、平成16年（2004年）5月に昆虫館の出入り口の改造をしたので、来館者にも広くわかりやすい空間となり、利用しやすい場所となりました。書棚も増やし書籍も整理し、読書コーナーを設けました。来館者も年間千人を突破し年々増加していきました。

■収録標本の整理とデータベース化

平成9年（1997年）頃から、パートの学生による標本ラベルの更新作業、標本や資料等の整理を始めました。また平成16年（2004年）2月からは大学の学生2名をアルバイトとして採用し、週末の土曜日・日曜日も常時開館することができるようになりました。

さらに、同年5月から、同好会会員のボランティアも加わり、標本箱の改修やこれまで手が付けられていなかった標本のデータベース化作業を開始し、館内全般の標本の整理を進めました。

平成20年6月現在で登録済みの展示標本は約3、200種14、000個体で、他に収蔵標本が約21、000個体あり、全個体数で約34、000個体が登録されました。

■養老孟司先生ご来館

平成18年（2006年）2月14日、岡山高等学校（岡山市南区箕島）での講演会に講師として招かれた「バカの壁」でおなじみの養老孟司先生が、講演に先立ち当館に来館されて展示標本を熱心に見学され、当時研究対象とされていたヒゲボソゾウムシについては特に詳しく観察されました。

■展示室の改装と付属展示室の増設

平成21年（2009年）2月ホームページを更新すると同時に倉敷昆虫同好会のホームページも開設しました。

平成22年（２０１０年）６月には入口や展示室の壁面と床の改修がなされると共に第２展示室も完成しました。翌年には倉敷昆虫同好会60周年記念事業のひとつとしてこの第２展示室で「昆虫写真展」が開催されました。

■病院建替えに伴う長期の休館と昆虫館のリニューアル

しげい病院の建て替え工事のため平成24年（２０１２年）４月から平成25年（２０１３年）11月の１年８か月の休館を余儀なくされましたが、平成25年（２０１３年）12月病院１階に再開館しました。以前より狭くはなりましたが、１階にあるため来館者数も以前より多くなりました。そしてリニューアルオープン記念として特別展「重井博の愛した自然・昆虫」を開催しました。（翌年11月までの一年間）その際使用した展示パネルは現在でも残して掲示されています。

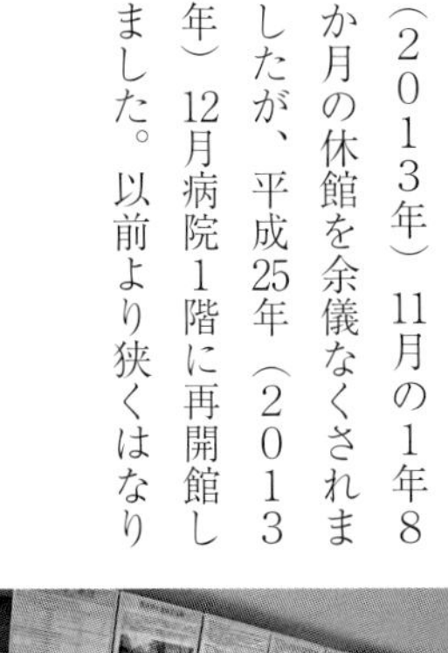

■小さなビオトープ

新しい昆虫館の傍には病院の多目的ホールから一望できる小さな庭がありましたが、平成27年（２０１５年）これをビオトープとして活用することになり、若干の植栽を行った後、昆虫館の職員で観察するとともに、来院者にもホールから見ていただくことになりました。現在トンボ18種をはじめ１７０種の昆虫が観察されており、メジロやヒヨドリなど鳥も訪れています。

■展示標本の充実と行事開催

開館当時の展示標本は開館前後に持ちこまれたものが主で、経年変化による脱色がみられるため、リニューアル後は新しく寄贈された標本などを用いて、できるだけ生時の色彩を残したものに差し替えを行うと共に、種類も大幅に増加しました。

昆虫の形態・生態はきわめて多様で地球の生物多様性を代表する生物群といえるでしょう。

当館は岡山県に生息する昆虫標本が主で、貴重なものからごく身近なものまで、小さいものでは1ミリあまりのものも含めて約4、000種を展示しており、普段あまり目にすることのできない多くの種類を見ることができます。

新しい展示室は狭いため常設以外の展示や企画展などの開催ができません。したがって、その時々の話題になった昆虫展示や、干支にちなんだ昆虫展示など工夫を凝らしながら来館者をお待ちしています。

年中行事としては、重井薬用植物園との共催行事で、植物園内での年3回の子どもを対象とした採集会を開催しています。

また、倉敷市立自然史博物館で毎年11月に開催される「博物館まつり」にいろいろなテーマで出展しています。

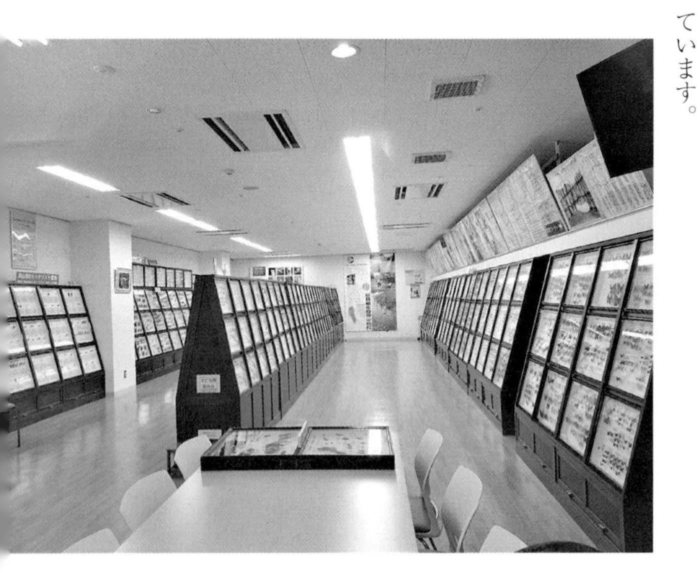

展示室の紹介

展示室には主に岡山県を中心とした身近な種をはじめ、現在ではほとんど見ることが出来なくなった種、当館にしかない貴重な県内産標本など、多くの昆虫が一望できます。

次の順に展示室内を紹介します。

・1　岡山県のレッドリスト昆虫
・2　世界の蝶
・4　重井薬用植物園の昆虫
・5～12　分類標本
・3　昆虫切手（日本、外国）
・昆虫の宝石
・ビオトープの訪問者達
・図書コーナー

※1から順にご覧いただくことをおすすめします。

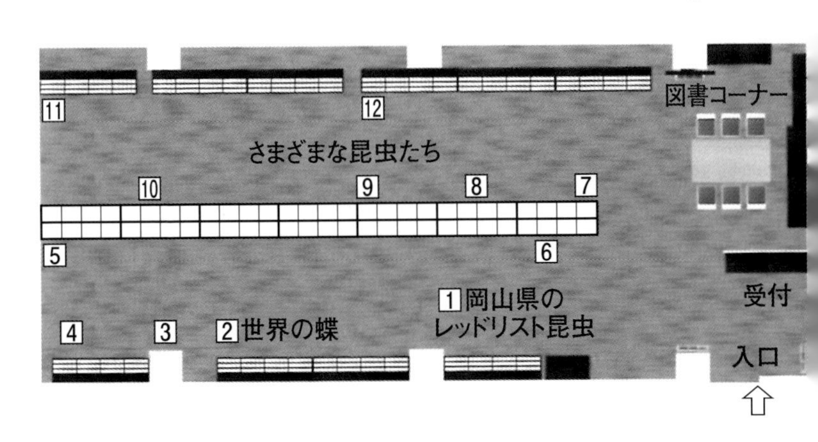

1　岡山県のレッドリスト昆虫

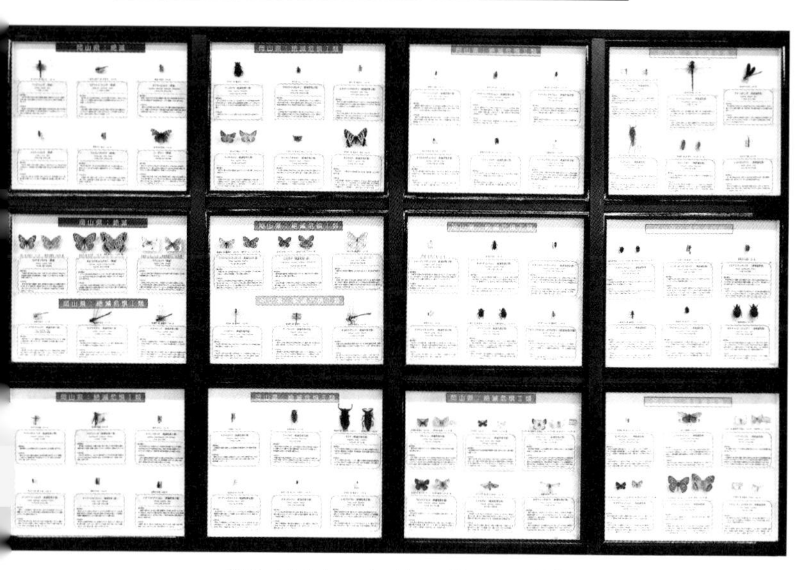

【展示標本：大型12箱　72種】

岡山県レッドデータブック2020年に掲載されているのは、絶滅9種、絶滅危惧Ⅰ類30種、絶滅危惧Ⅱ類51種、準絶滅危惧74種ですが、そのうち下記の72種の標本を解説とともに展示してあります。

絶　　　滅：ベッコウトンボ、カワラハンミョウ、マルエンマコガネ、オオウラギンヒョウモン、シータテハ ほか9種

絶滅危惧Ⅰ類：オオキトンボ、カワラバッタ、アオヘリアオゴミムシ、ゲンゴロウ、ギフチョウ、ヒメヒカゲ ほか18種

絶滅危惧Ⅱ類：ナニワトンボ、コエエゾゼミ、タガメ、オオミズスマシ、シマゲンゴロウ、ダイコクコガネ、クロシジミ ほか27種

準絶滅危惧：ハッチョウトンボ、キバネツノトンボ、ヒメミズカマキリ、ニシキキンカメムシ、キマダラルリツバメ ほか18種

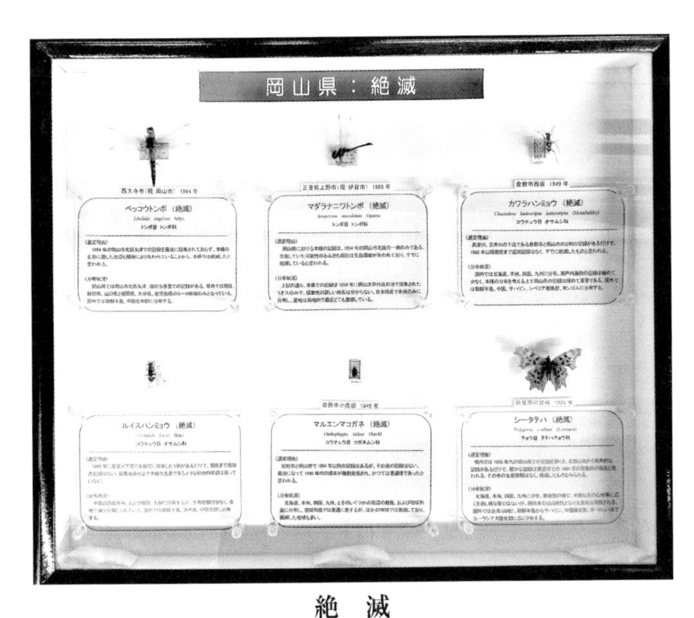
岡山県：絶滅
ベッコウトンボ（絶滅）
マダラナニワトンボ（絶滅）
カワラハンミョウ（絶滅）
ルイスハンミョウ（絶滅）
マルエンマコガネ（絶滅）
シータテハ（絶滅）

絶　滅

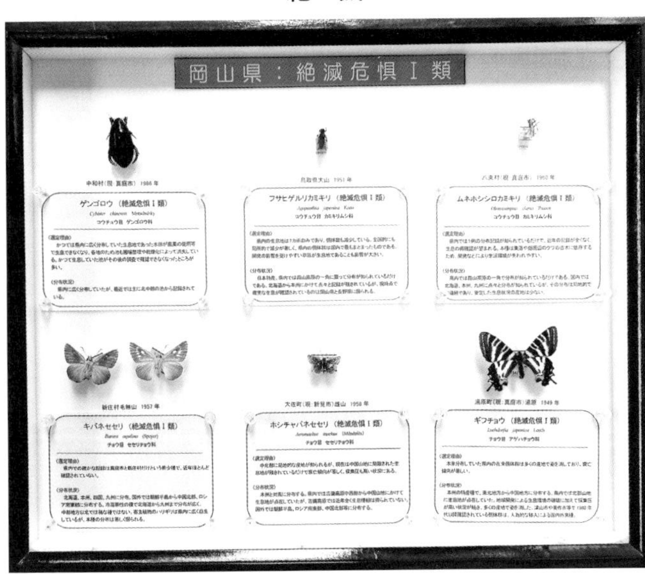
岡山県：絶滅危惧Ⅰ類
ゲンゴロウ（絶滅危惧Ⅰ類）
フサヒゲルリカミキリ（絶滅危惧Ⅰ類）
ムネホシシロカミキリ（絶滅危惧Ⅰ類）
キバネセセリ（絶滅危惧Ⅰ類）
ホシチャバネセセリ（絶滅危惧Ⅰ類）
ギフチョウ（絶滅危惧Ⅰ類）

絶滅危惧I類

2 世界の蝶

【展示標本：大型28箱　330種】

ここに展示されているチョウを地域別に見ますと台湾・東南アジアが圧倒的に多いものの、南アジア、アフリカ、ヨーロッパ、南北アメリカとほぼ全世界をカバーしています。現地に採集に行った倉敷昆虫同好会会員のすごいエネルギーを感じます。現在は海外での採集やその標本の日本への持ち込みにさまざまな規制があり、これらの標本は貴重なものになっています。

東南アジア産トリバネアゲハ類

アフリカ産アゲハ類ほか

インド産アゲハ類ほか

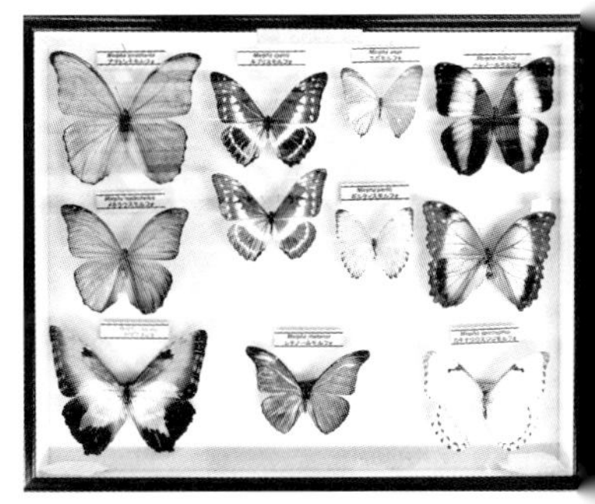

南アメリカ産のモルフォチョウ類

なお、このコーナーの一角には昆虫で世界最重量と言われるサカダチナナフシや、世界最大級の甲虫であるオオツノコガネやコーカサスカブトムシなど少しですがチョウ類以外の外国産昆虫も展示しています。

4 重井薬用植物園の昆虫

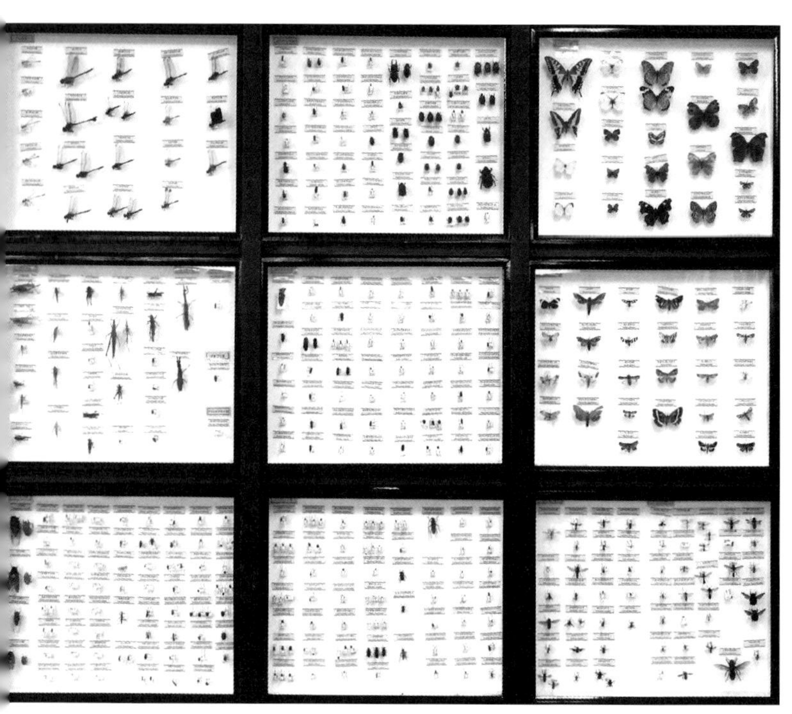

【展示標本：大型9箱　376種】

倉敷昆虫館と同じく医療法人創和会により運営されている重井薬用植物園の昆虫生息調査が2011年倉敷昆虫同好会60周年記念事業として行われました。その結果12目158科697種の昆虫が確認されましたが、そのうち岡山県内初記録種が19種、岡山県南部初記録種が22種含まれていました。標本にされたものの内代表的なものを展示しています。近年昆虫など生物の絶滅が話題になりますが、この里山的植物園にはまだ数多くの種類の昆虫が生存していることを示しています。

分類展示

ここからの展示標本は、おもに岡山県内産のものを分類して(同類のもの
まとめて)展示しています。

展示室に下記のような分類の仕方を示したパネルが掲示されています。

[動物の分類]
門(モン)　綱(コウ)　目(モク)　科(カ)　属(ゾク)　種(シュ)
例　カブトムシ
　節足動物門－昆虫綱－コウチュウ目—コガネムシ科－カブトムシ
生物の種名は学名と和名があり、学名は２名法(属名と小種名)で表します。和名は日本語での標準的な呼び名です。

例　オニヤンマ　　*Anodogaster demetrius*
（属名）　（小種名）

※当館の展示は目、科、(亜科)、種で分類してあります。

標本には採集ラベルが付いています。採集ラベルには採集場所、採集年月日
採集者名が記入されていますが、このラベルがないものは標本としての価値
なく、必要なものです。

また、環境省や岡山県の発行するレッドデータブックに記載されている種
ついては次のようなラベルを付けています。

岡山県	絶　滅	環境省	絶　滅
岡山県	絶滅危惧Ⅰ類	環境省	絶滅危惧ⅠA類
岡山県	絶滅危惧Ⅱ類	環境省	絶滅危惧ⅠB類
岡山県	準絶滅危惧	環境省	絶滅危惧Ⅱ類
		環境省	準絶滅危惧

◎標本を見る際には、これら各種のラベルもぜひ見ていただければと思います。

なお、各目に岡山県内で確認された目別種数については岡山県野生生物目
(2019)によります。

5 コウチュウ目

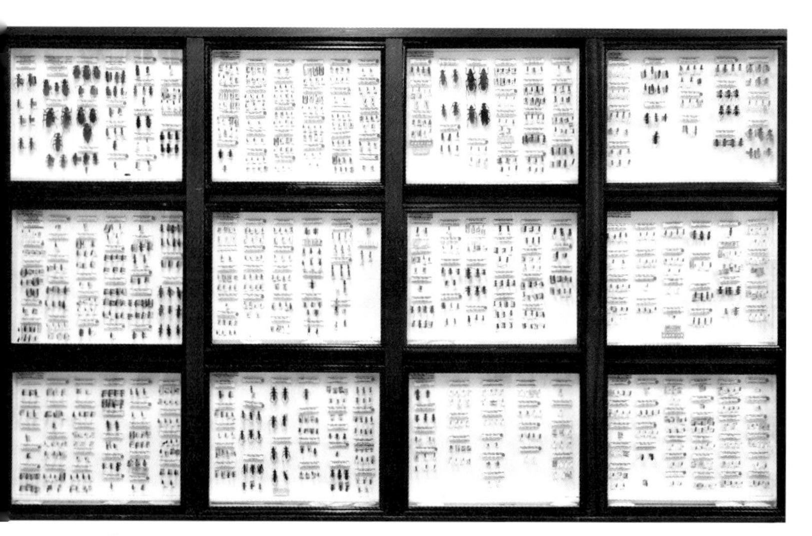

【展示標本：中型75箱　1700種（一部県外産を含む）】

前翅が硬化して、「鞘翅」という器官になっているのが特徴で、薄くて大きい後翅や腹部を保護する役割をしています。飛ばないときは、大きな後翅を前翅の下に折りたたんで収納しています。

微小な種から大型の種まで多様な種に分化し、あらゆる環境に適応しており、最も多くの種を含むグループです。

当館のコウチュウ目の展示標本の種数は、全展示標本の種の2分の1に相当します。中でもカミキリムシ科は以前から昆虫愛好家の最も人気のあったグループで、当館には県内産のカミキリムシ科のほぼ全種が展示されています。

卵から孵化したのち、幼虫→蛹→成虫と完全変態を行います。

岡山県内からは3,906種確認されています。

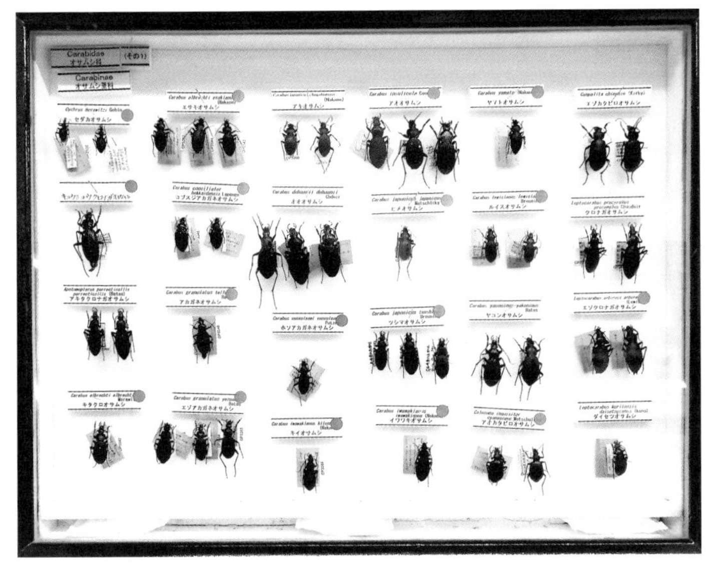

オサムシ科

クワガタムシ科

コガネムシ科

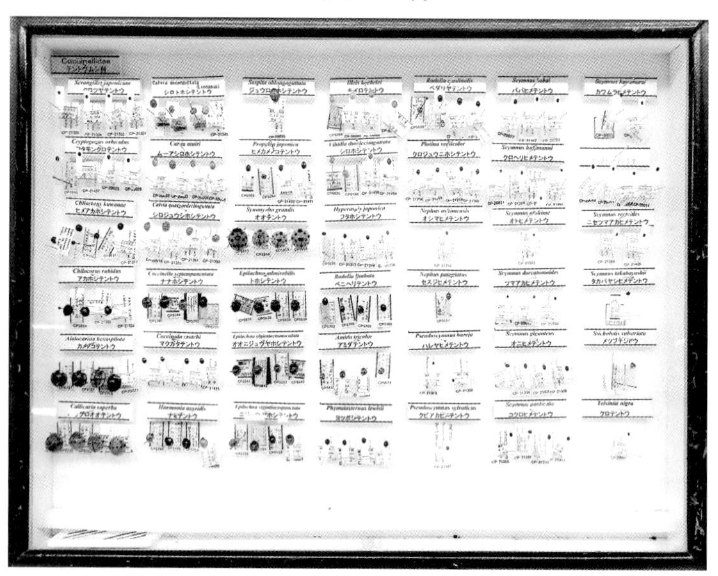

テントウムシ科

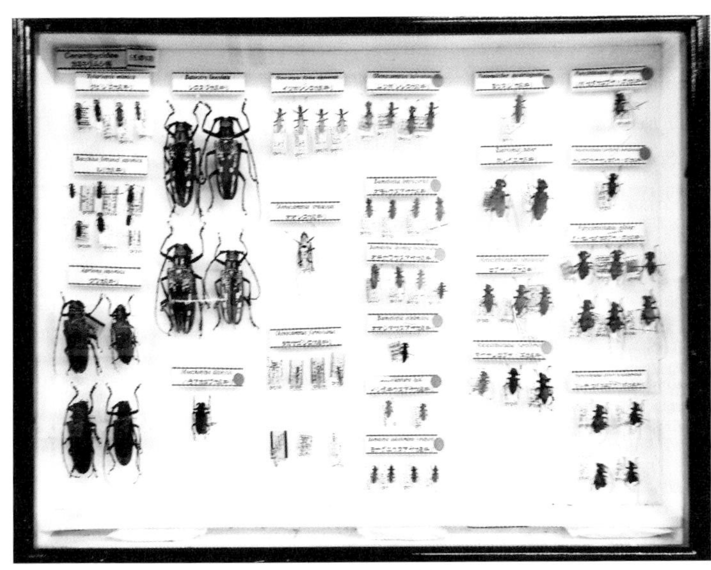

カミキリムシ科

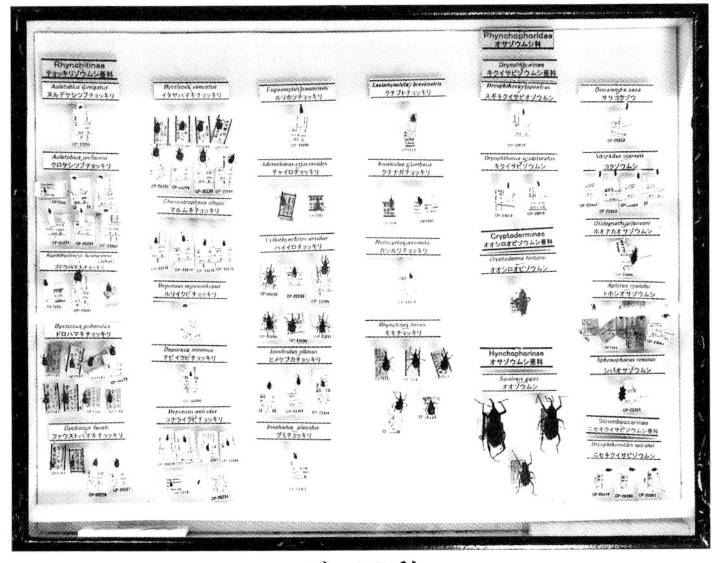

ゾウムシ科

6 ハエ目

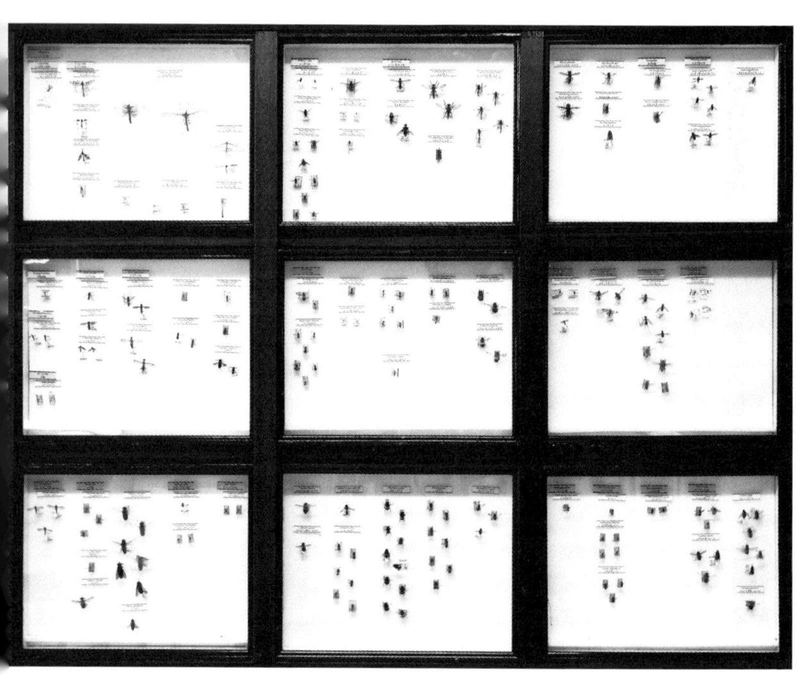

【展示標本：中型9箱　84種】

双翅目とも呼ばれるように左右一対の翅のみをもつグループです。後翅に相当する部分は、平均棍（へいきんこん）と呼ばれるこん棒のような器官に変化しています。完全変態で幼虫はウジ虫型が多くいます。岡山県内では650種が確認されています。

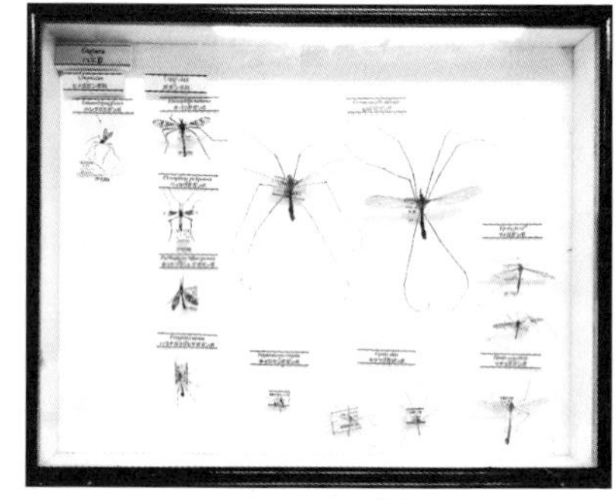

ガガンボ類

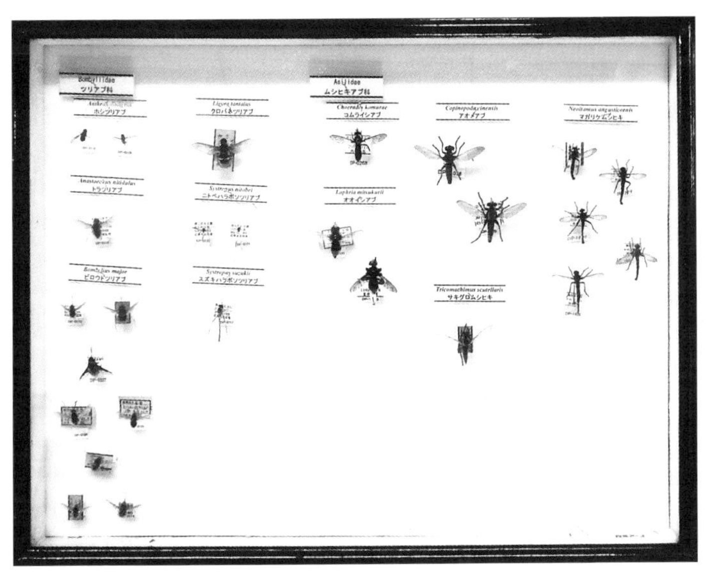
Bombyliidae
ツリアブ科
Asilidae
ムシヒキアブ科

アブ類

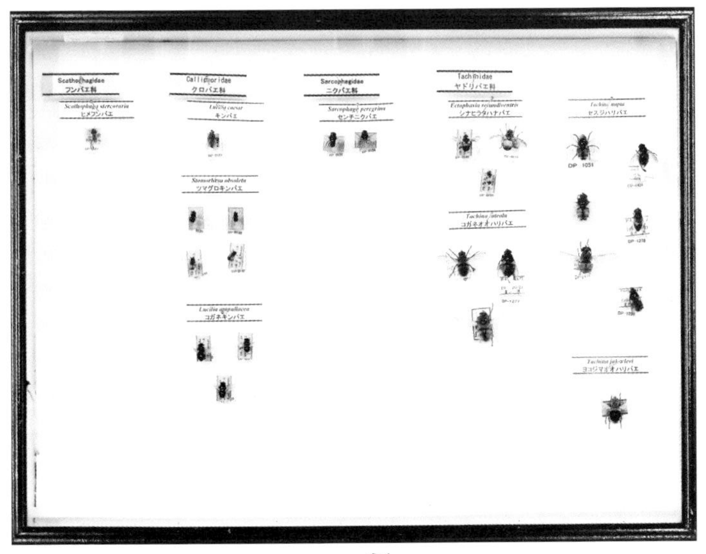
フンバエ科
クロバエ科
Sarcophagidae
ニクバエ科
ヤドリバエ科

ハエ類

7 ハチ目

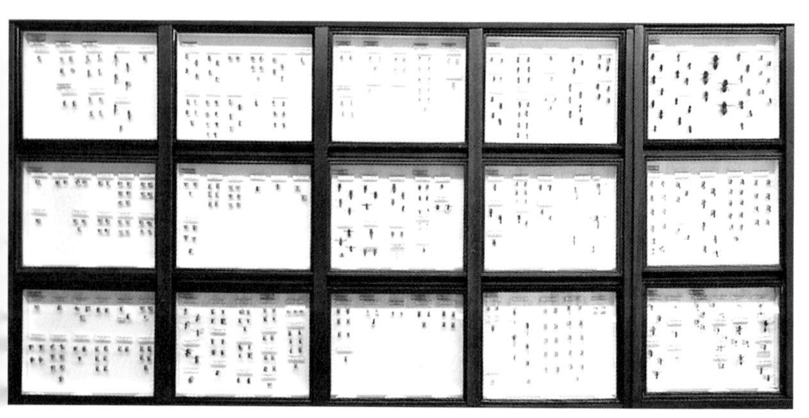

【展示標本：中型18箱　178種】

トンボと同じように膜状の4枚の翅を持っています。一般的に前翅の方が大きい。雌はしばしば産卵管を毒針に変化させています。ハバチ類の植物食性、コマユバチのような寄生性、他の虫を餌にする狩りバチなどがいます。完全変態で、幼虫はハバチではイモムシ型、その他はウジ虫型が多いようです。

岡山県内には852種が確認されています。

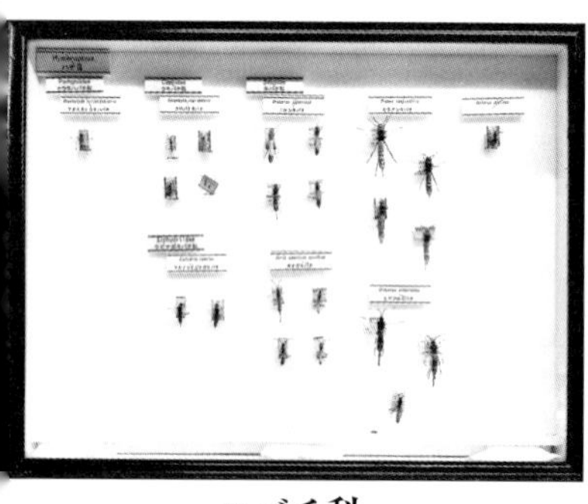

ハバチ科

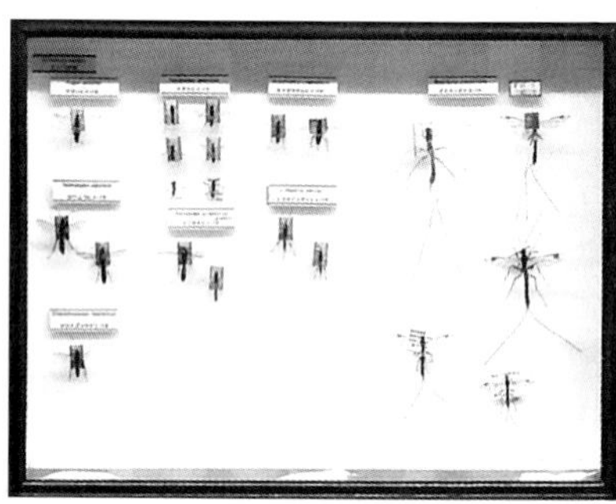

ヒメバチ科

スズメバチ科

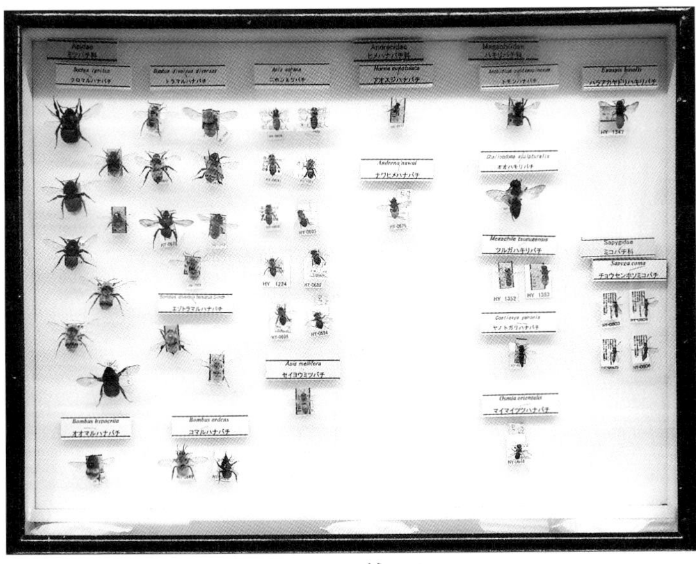

ミツバチ科ほか

8　カメムシ目

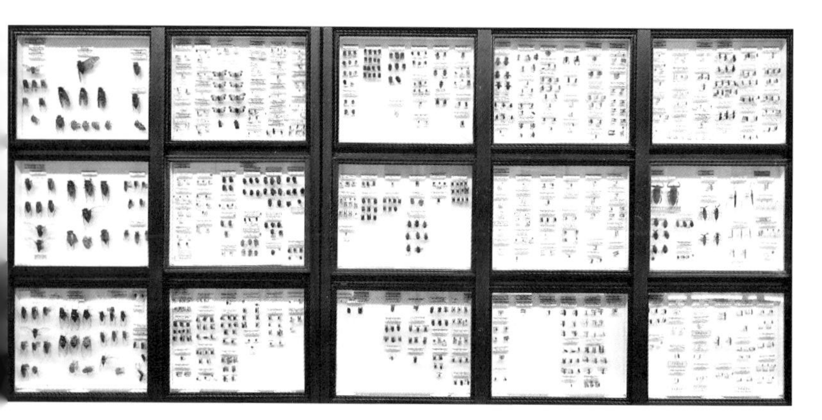

【展示標本：中型15箱　265種】

共通する特徴は口が細長くなり、針状になることです。口針の内部は2本の管状になっており、餌となる動植物に口針を差し込み、一本の管から消化液を注入し、もう一方で消化物を吸収します。

幼虫から成虫までほとんど体型が変わらない不完全変態です。

岡山県内には1088種が確認されています。

セミ科

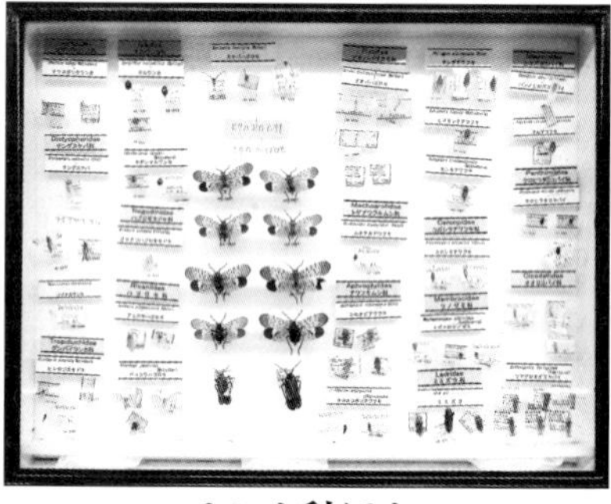

ウンカ科ほか

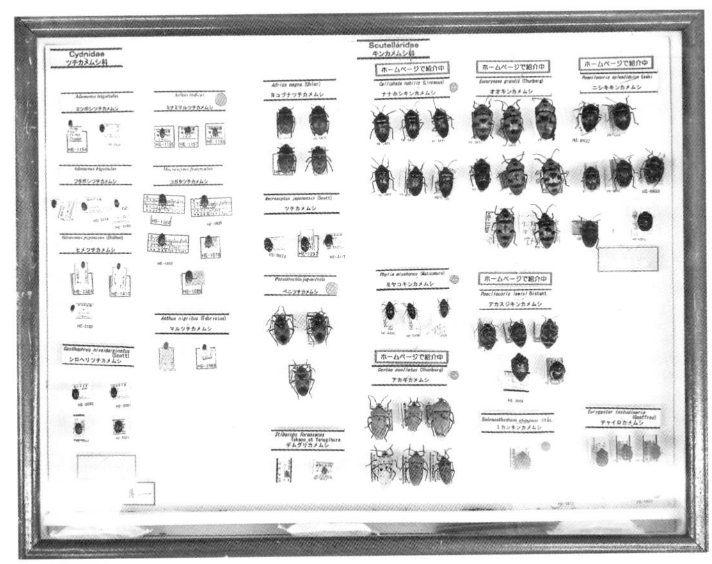

キンカメムシ科ほか

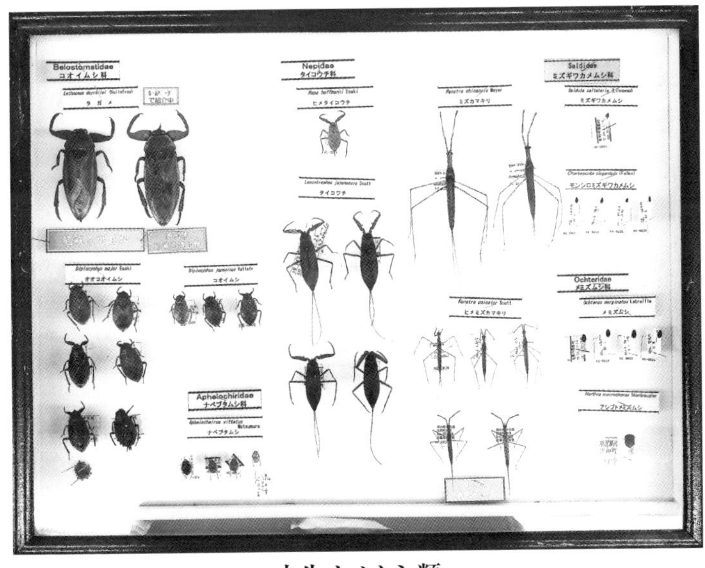

水生カメムシ類

9　トンボ目

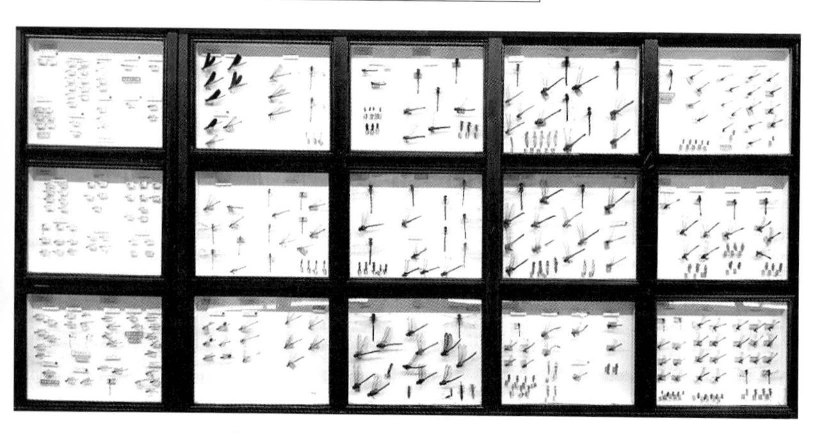

【展示標本：中型33箱　127種】

大きな眼と翅を持ち、視界が広いだけでなく、ホバリング、スピード飛行、中には宙返りと複雑な飛行ができ、空中で餌を捕まえることが出来るのが特徴です。世界最大の昆虫としての約3億年前のトンボの化石が知られています。したがって、あまり進化が進んでないグループの一つと言えるでしょう。不完全変態で水中生活の幼虫はヤゴと呼ばれています。

岡山県内には97種が確認されています。

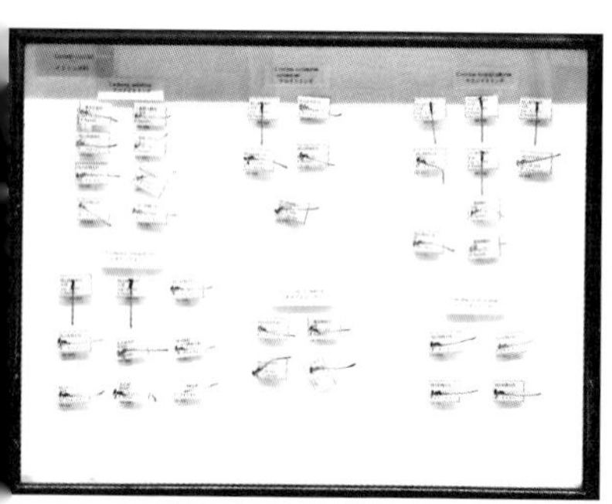

イトトンボ科ほか

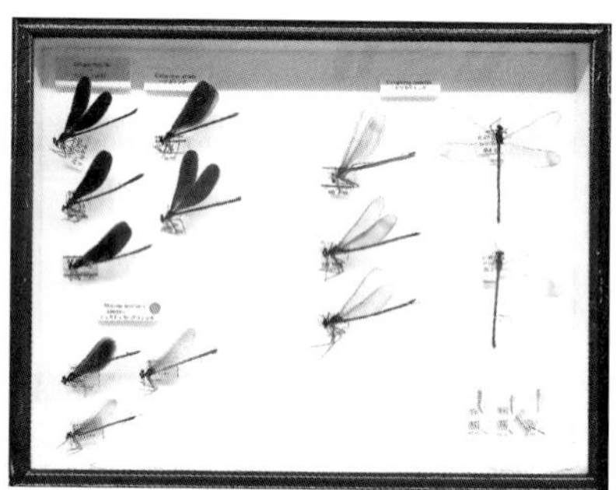

カワトンボ科

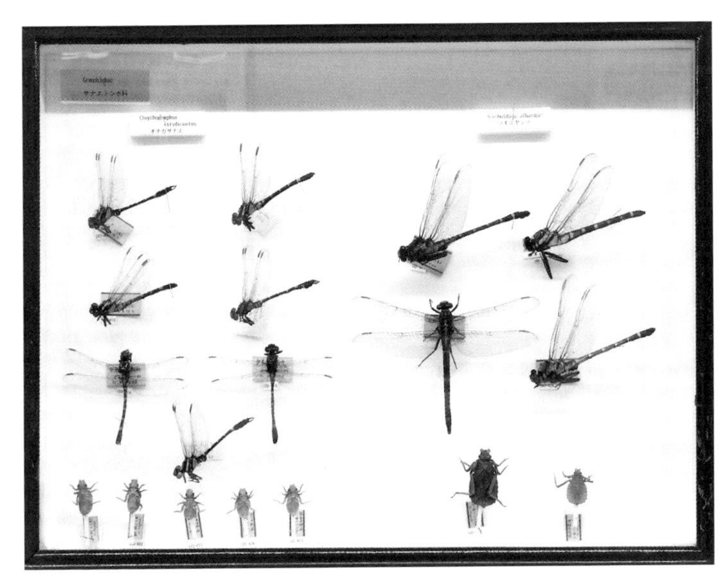

サナエトンボ科

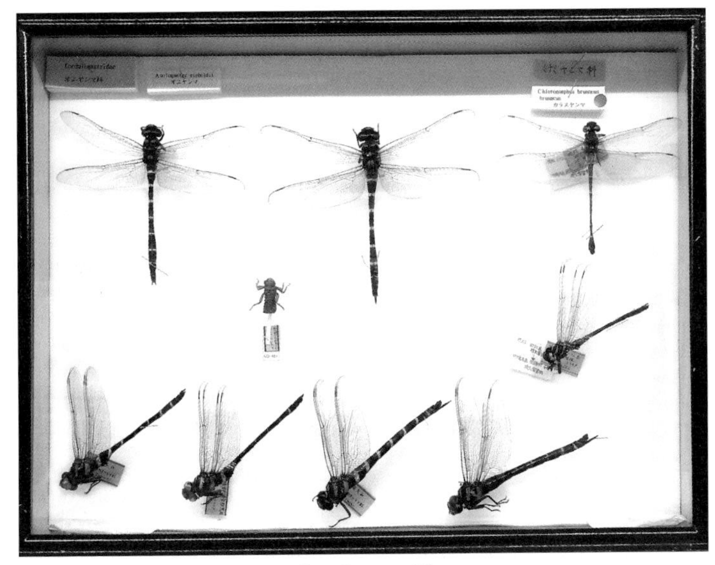

オニヤンマ科

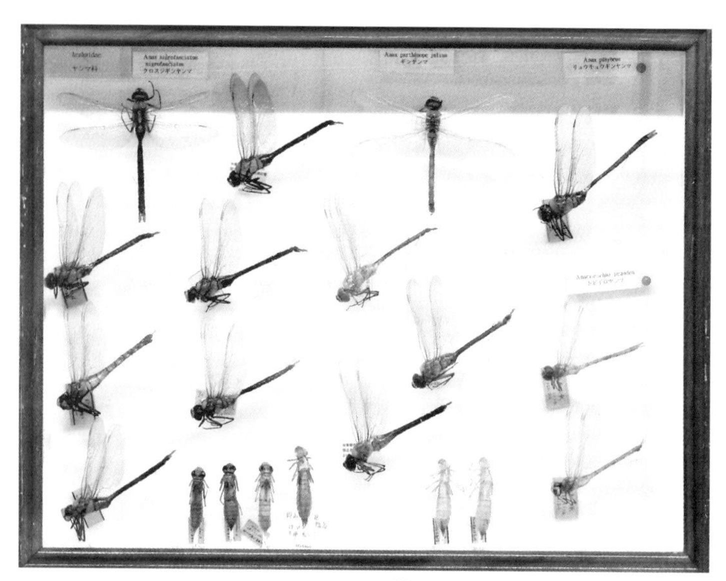

ヤンマ科

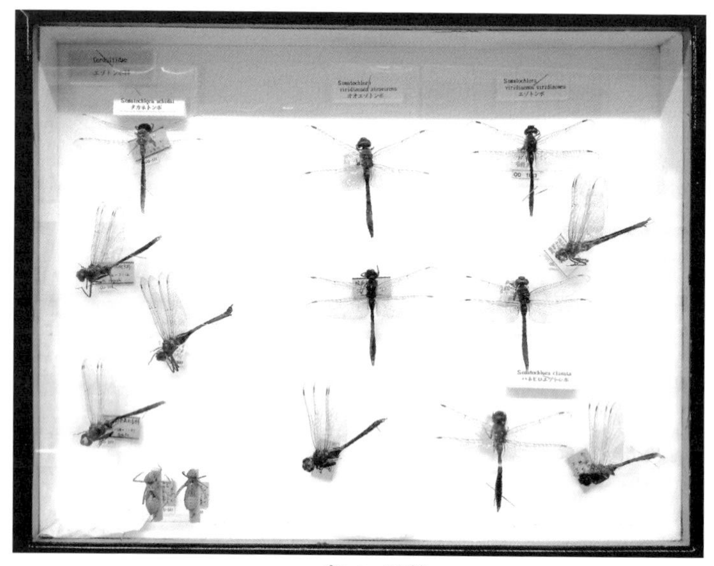

エゾトンボ科

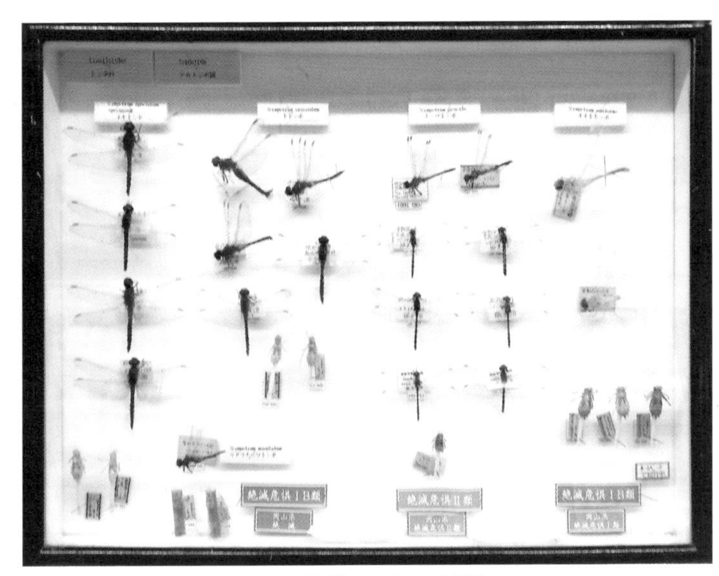

トンボ科アカトンボ類

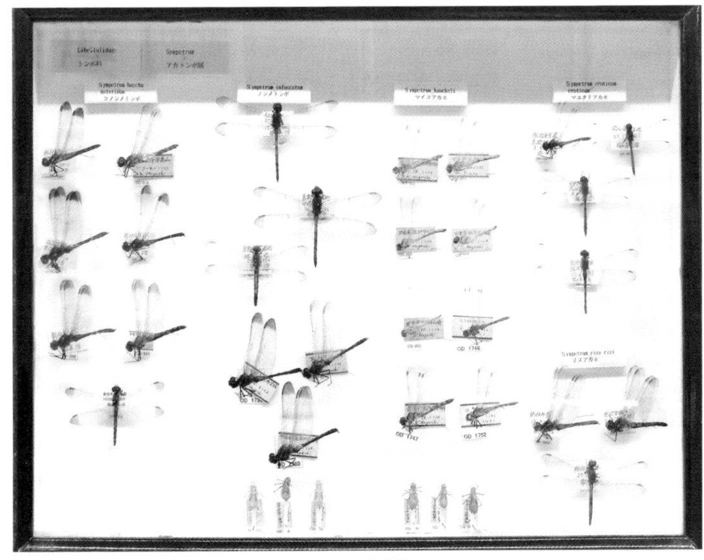

トンボ科

10 バッタ目・カマキリ目・ゴキブリ目・ナナフシ目・ハサミムシ目

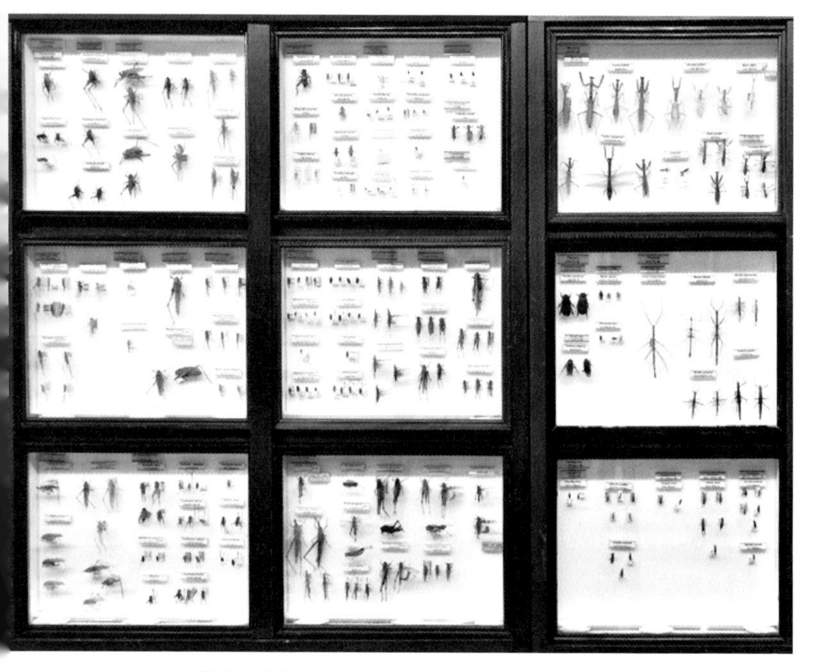

【展示標本：中型9箱　5目　103種】

バッタ目：円筒形の体型のものがほとんどで、ケラ類を除いて後脚が大きく発達しているのが特徴です。また夜行性のものは触角が非常に長く発達しているものが多くいます。また、オスに発音器官があり。鳴く虫も多く見られます。ケラのほかカマドウマ類、コオロギ類、キリギリス類、バッタ類などがいます。不完全変態です。

岡山県内には128種確認されています。【展示標本：中型6箱　79種】

カマキリ目：子どもたちに人気のある仲間ですが、世界では2400種ほど生息しています。不完全変態です。日本には11種、岡山県内には9種が確認されています。【展示標本：中型1箱　7種】

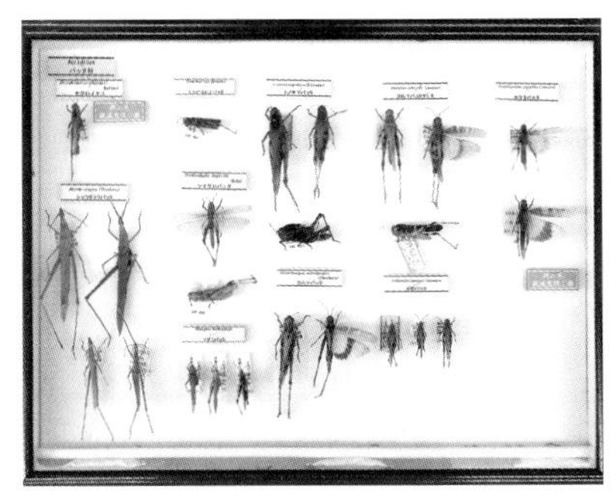

バッタ目バッタ類

カマキリ目

ゴキブリ目：暖かい地方の森林に生息するものが多く、生きた化石と呼ばれています。不完全変態です。日本では約50種が記録されており、岡山県内には13種が確認されています。【展示標本：4種】

ナナフシ目：木の枝に擬態した翅のない種もいますが、翅を持ち飛ぶ種もいます。また、卵は植物の種子に擬態しており表面の模様が特異です。不完全変態です。岡山県内には7種が確認されています。

【展示標本：5種】

ハサミムシ目：小さい前翅の中に後翅をたたんで収納しています。このことはハネカクシに似ています。羽の退化した種もあります。不完全変態です。岡山県内には10種が確認されています。

【展示標本：中型1箱　7種】

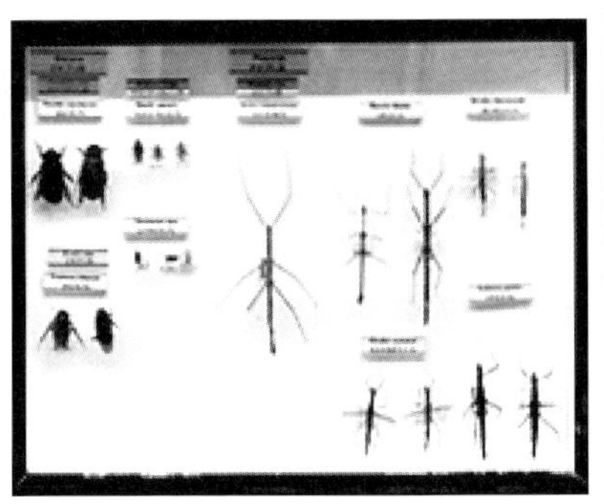

ゴキブリ目とナナフシ目

ハサミムシ目

10 アミメカゲロウ目ほか

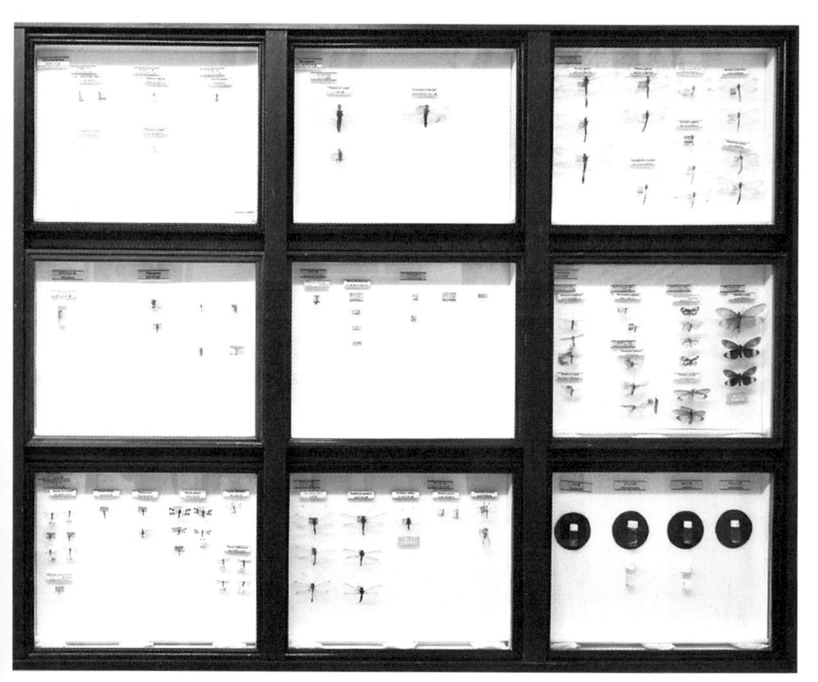

【展示標本：中型9箱　5目　40種】

アミメカゲロウ目：細長い体に大きな柔らかい翅を持ち、歩脚はあまり発達しない。カゲロウやトンボに似ていることからその名を持つものが多い。多くの種で前翅と後翅が同形、または前翅の方が大きい。カゲロウやトンボとは異なり、翅を前後重ねて背面に屋根状に畳むことができます。完全変態です。岡山県内に53種確認されています。　【展示標本：14種】

アミメカゲロウ目のほかに下記の標本を展示しています。
シリアゲムシ目7種、ヘビトンボ目2種、トビケラ目7種（完全変態）
カゲロウ目5種、カワゲラ目5種、ガロアムシ目1種（不完全変態）
以上のほか、種名の判っていない、胸部を持たない非常に原始的なシミ目、イシノミ目、コムシ目、トビムシ目の液浸標本もあります。

アミメカゲロウ目ツノトンボ類

トビケラ目

11 チョウ目（ガ類）

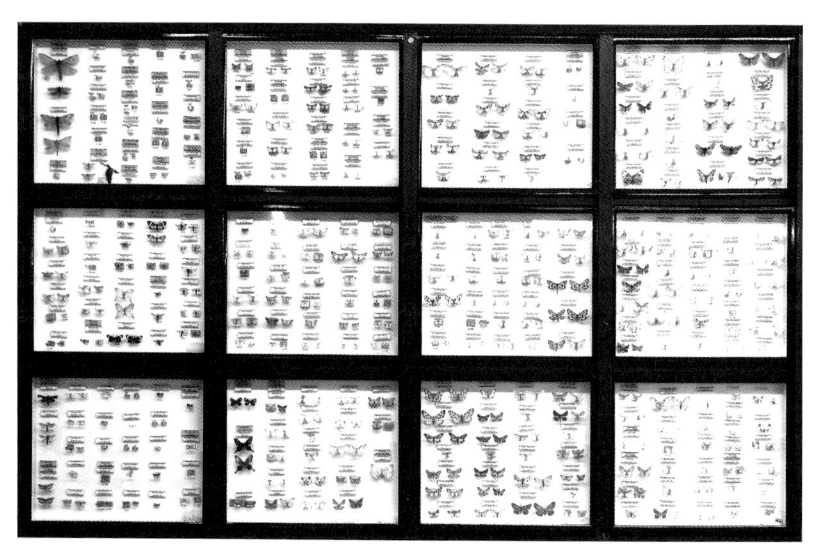

【展示標本：大型36箱　823種】

チョウと比べてガを専門としている昆虫愛好家が少なく、岡山県全体として記録の蓄積は脆弱だと思います。このような状況の中で当館のガの標本は比較的よくまとまっており、岡山県のガ相の解明に貢献してきました。標本が四散することなく、当館に寄贈されたことが幸いしました。そのデータを見ますと今では希少種となっているガが、当時は倉敷市の市街地にも生息していたことが分かり、驚かされることがよくあります。このことをデータから正しく分析して残しておかなければならないと思っています。同時に将来検証できるように現在の記録も収集しておかなければなりません。また保管している標本の管理も課題です。

主に夜に活動するガは太陽光の紫外線に弱く、標本の劣化が進んでいることが気になります。現在の展示室は紫外線対策が施されていますので、これ以上劣化させないよう大切に保管していきたいと思っています。

岡山県内では2672種が確認されています。

シャクガ科

スズメガ科

カレハガ科ほか

ヤママユガ科

ヤガ科ヨトウガ類

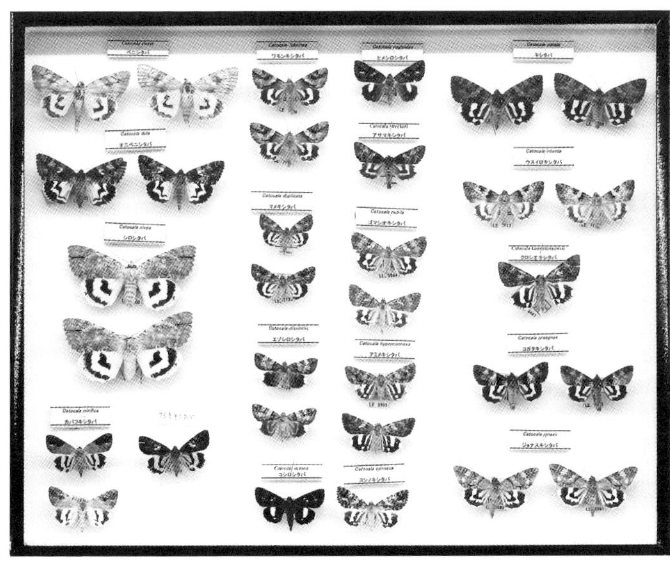

ヤガ科シタバガ類

12 チョウ目（チョウ類）日本の蝶

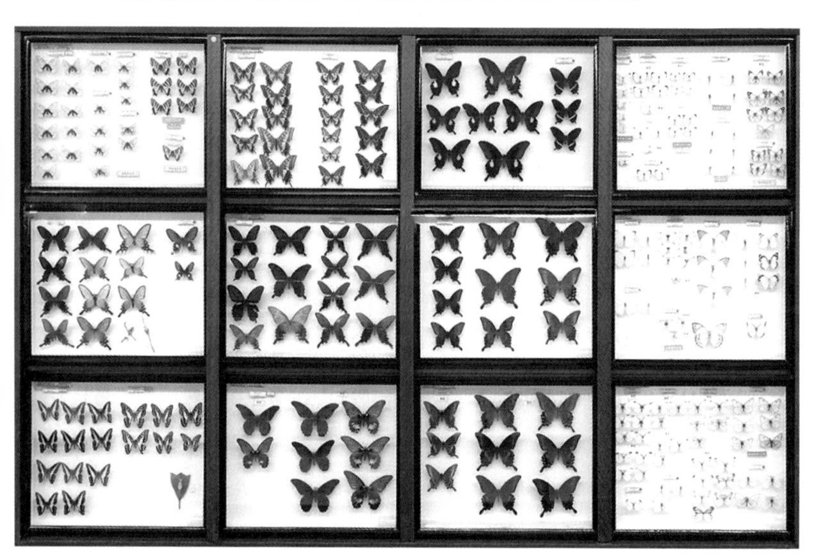

【展示標本：大型36箱　174種(県外産も含まれています)】

当館が保管している日本のチョウの採集は1960～1980年に集中しています。この時期はちょうど倉敷昆虫同好会の草創期にあたり、若くて熱心な会員が北海道や信州など日本各地に採集に出かけました。特に沖縄の本土復帰後は、多くの会員が憧れの沖縄をめざしました。この時代は日本の高度成長期であり、この前後で日本のチョウ相はがらりと変わってしまいました。自然環境の悪化から全国的にチョウの衰亡が著しく、この時代の標本は高度成長期以前や、あるいは現在のチョウ相と比較分析する上で大変役立っています。現在は過疎化による里山の荒廃が進んで草原や湿地という環境が減少しており、新たな局面を迎えているように思えます。

これからも継続してデータを蓄積していく必要がありますが、会員の高齢化と減少のため当館に寄せられる標本が少なくなっています。当館が担っている岡山県の昆虫研究の中心的な機能を今後どのように維持していくかが課題です。チョウ目は完全変態です。

岡山県内には137種が確認されています。

アゲハチョウ科

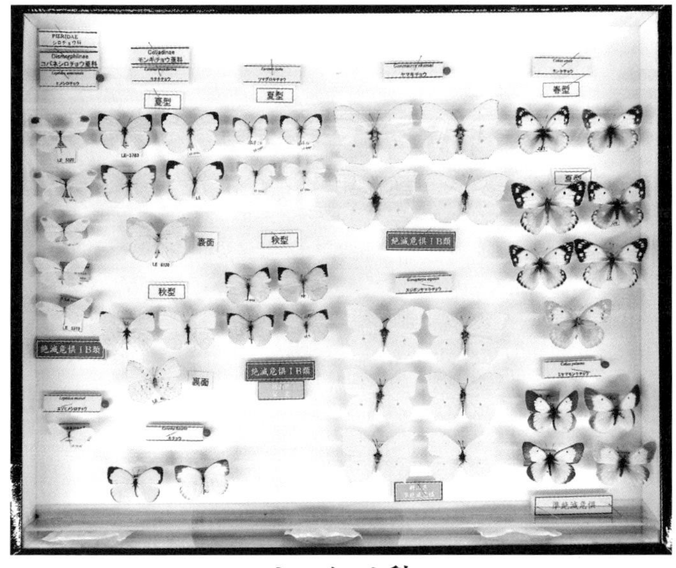

シロチョウ科

シジミチョウ科

タテハチョウ科ヒョウモンチョウ類

タテハチョウ科マダラチョウ類ほか

セセリチョウ科

【昆虫切手】

日本の切手に使われた昆虫

日本で発行された昆虫切手を昆虫館所蔵標本と共に展示してあります。

標本は、ギフチョウ、アサギマダラ、オオムラサキ、モンシロチョウ、キバネツノトンボ、マイマイカブリ、オオクワガタ、カブトムシ、ルリボシカミキリ、オニヤンマ、エゾゼミほか24種

外国の昆虫切手

発行国別に分類し、その国の所在地を地図上で示してあります。

カナダ、キューバ、中国、韓国、モンゴル、ラオス、カンボジア、ベトナム、ハンガリー、ポーランド、ブルガリア、シャルージャ、ドバイ、ジプチ、チャド、ブルンジ、マリ、中央アフリカ、コートジボアール、赤道ギニア、ルワンダの21カ国

【虫の宝石】

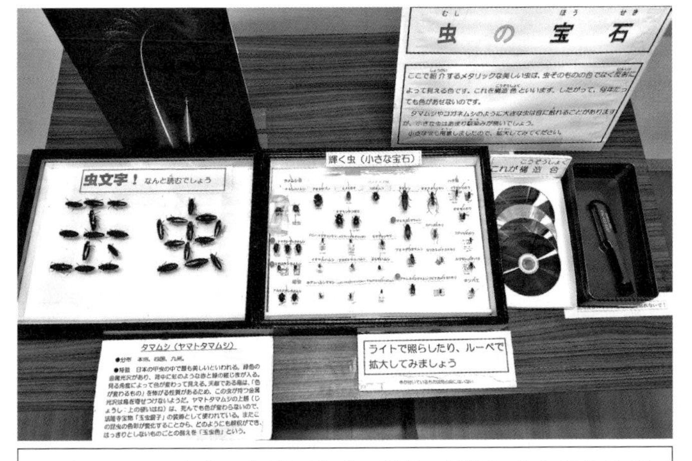

タマムシのように色素でなく、表面の構造により出る色が異なる構造色という美しい金属光沢（CDの裏面参照）を示す虫を展示しています。

【ビオトープの訪問者】

今までにビオトープを訪れた昆虫や鳥たちをパネルにして紹介しています。ビオトープを観察できる病院の多目的ホールにも掲げています。

【図書コーナー】

展示室の一角に昆虫関係の図鑑や書物を用意したコーナーが有り、図鑑で昆虫の名前を調べたり、書物を読んで昆虫に関する知識を深めたりすることが出来ます。

また、水や環境に関する書物もそろっており、環境学習にも役立ちます。なお、昆虫の名前を調べる際には職員もお手伝いします。

（貸出はしていません）

倉敷昆虫館の「お宝標本」

倉敷昆虫館は1962年に開館しましたが、この時点での収蔵または展示された標本は、当時活発に調査活動を行っていた倉敷昆虫同好会の会員が採集したもので、その標本の多くが当館に保存されていたため、退色はあるものの虫害（標本を食べる虫の害）から免れていました。これらの標本の中には、今では絶滅または絶滅の危機に瀕した種類も多く、また当時は県南では普通種であったものが現在ではほとんど見られなくなった標本など、大変貴重な標本が保管されています。

その内、新種記載の際に使用された標本や、当館にしか残っていない県内産標本、また記録の非常に少ない種の標本など、永年にわたり残しておきたい「お宝」ともいうべき標本のいくらかを紹介します。

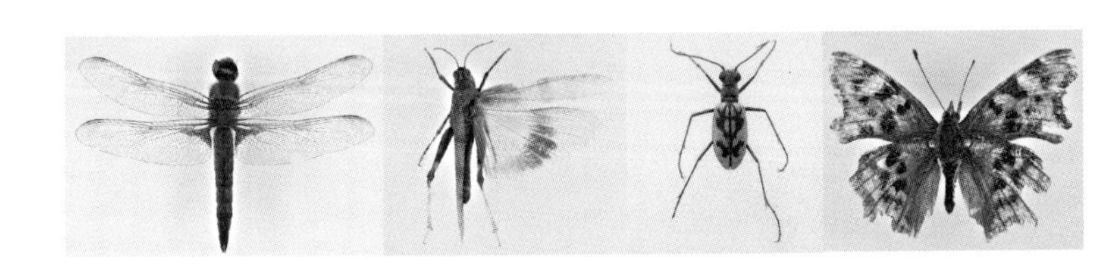

コバネアオイトトンボ

岡山県版RDBでは絶滅危惧Ⅰ類。本県の記録は古いものばかりで、現在は絶滅した産地が多いようです。当館が保管する6頭の標本のうち、最も新しいものでも1983年の哲多町（現新見市）の記録です。最近，津山市で再発見されました。

体長：43mm
▲倉敷市郷内　1953年

体長：61mm
▲西大寺市（現岡山市）1957年

ナゴヤサナエ

岡山県の3大河川下流部のみに生息していますが、生息環境の悪化で個体数が減少しています。岡山県版RDB絶滅危惧Ⅰ類。当館では写真の標本のほか1975年の倉敷市産の2頭も保管しています。

オオキトンボ

2009年ごろ新産地が相次いで発見され、最近でも、時々採集はされますが、確実な産地は見つかっていません。岡山県版RDB絶滅危惧Ⅰ類。当館では真備町（現倉敷市）の2頭を保管しています。

体長：48mm
▲真備町（現倉敷市）1961年

ベコウトンボ

岡山県版RDBでは絶滅。県南の4ヵ所で記録されていますが、1964年岡山市奥矢津の記録を最後に採集されていません。標本もほとんど残っておらず、当館では写真の標本のほか1952年備前町(現備前市)産も保管しています。

体長：45mm

▲西大寺市(現岡山市)1964年

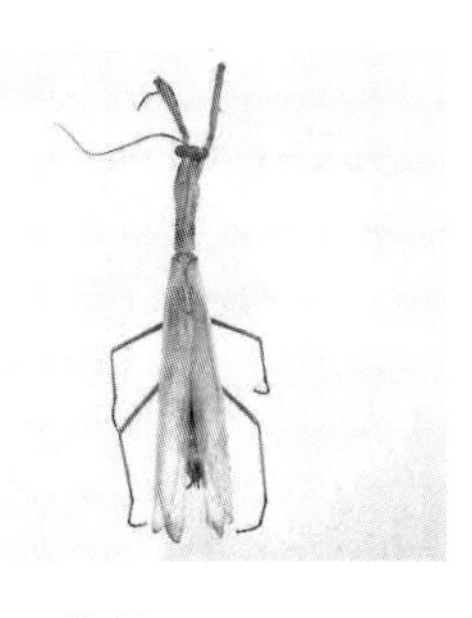

体長：48mm

▲西大寺市(現岡山市)1966年

ウスバカマキリ

この標本以降は生息情報が得られていませんでしたが、国交省の調査の際、1995年と2004年に高梁川下流、吉井川下流で採集されています。詳しく調べていくと、まだまだ生息地が発見できるかも知れません。

カワラバッタ

岡山県版RDB絶滅危惧Ⅰ類。礫質の河原が生息地ですが、環境の悪化から急速に減少しています。近年記録があるのは高梁川と旭川水系のみです。当館には高梁川河原産の3頭が保管されています。

体長：34mm

▲高梁市飯部　2002年

体長：23mm
▲笠岡市北木島 2008年

ヤマトマダラバッタ

岡山県版RDB絶滅危惧Ⅰ類。県内の本土側の生息地は、海岸の改修工事による砂浜の減少によって絶滅したようです。現在では島嶼部が唯一の生息地となっています。

ゴミアシナガサシガメ

岡山県版RDB絶滅危惧Ⅰ類。吉備高原で3例が確認されているに過ぎません。当館ではその内の1頭を保管しています。生息環境の減少から全国的にほとんど見られなくなりました。

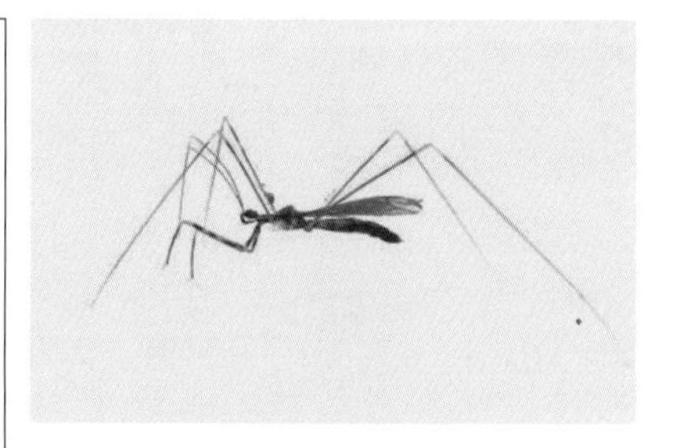

体長17mm
▲総社市日羽 2007年

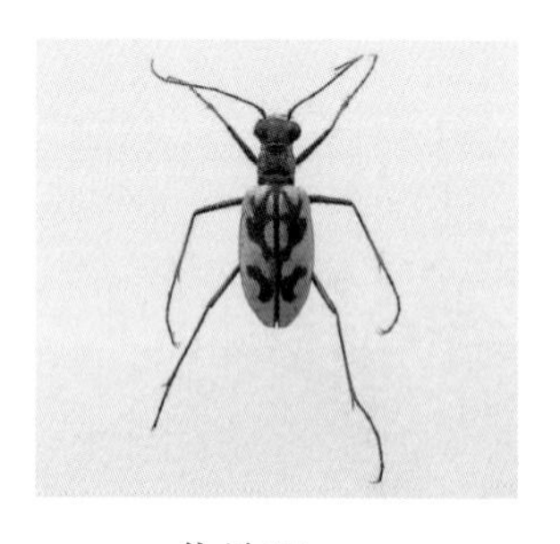

体長17mm
▲倉敷市西坂 1949年

カワラハンミョウ

河川改修や護岸工事によって生息地が減少し、全国的にも急激に数が減っています。岡山県ではここ数十年記録がなく絶滅と判断されています。この標本は県内に残っている唯一のものと思われます。

体長：6 mm
▲倉敷市旭町（現鶴形1丁目）
1952年7月17日
小野　洋採集

カワラゴミムシ

これは未発表標の本です。

岡山県版RDBには該当していませんが、1965年に同じ倉敷市から記録されて以降の記録がないことにより、本県ではほぼ絶滅したと思われます。

アオヘリアオゴミムシ

岡山県版RDBでは絶滅危惧Ⅰ類で、全国的にも絶滅に瀕しています。昆虫館では1949年に倉敷で採集された標本を保管しています。県北では最近の記録もありますが、県南では唯一の標本です。

体長：18mm
▲倉敷市西坂　1949年

体長9 mm
▲総社市日羽　1961年

ケブカマルクビカミキリ

日本ではじめて採集された個体の標本で、発見当時は外国からの移入種と考えられていましたが、その後県南の各所で生息が確認され、新種とわかり、発見地岡山県にちなんで*Atimid okayamensis*という学名がつけられました。

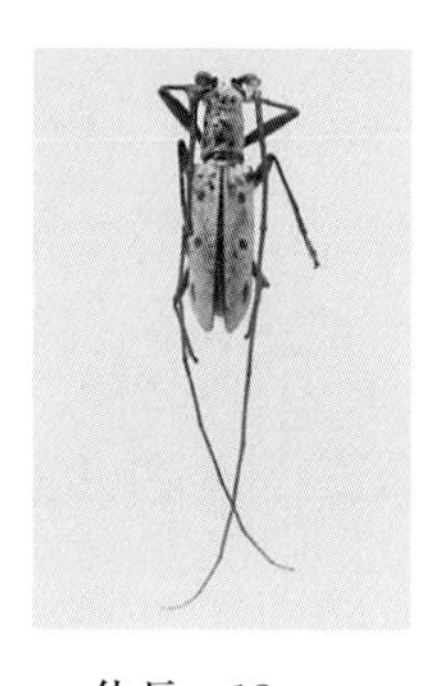

体長：13mm

▲八束村（現真庭市）1960年

ムネホシシロカミキリ

岡山県版RDBで絶滅危惧Ⅰ類。この標本は蒜山高原の谷添いのクワの古木で得られたものですが、その後県内での記録はありません。したがって、この標本が県内で唯一のものと考えられます。

ギフチョウ

岡山県版RDBで絶滅危惧Ⅰ類。岡山県産の標本はたくさん存在していますが、この湯原町（現真庭市）のように早い時期に消滅した個体群の標本は貴重なものです。

開張：（左右の翅の幅）60mm

▲湯原町（現真庭市）1949年

開張：42mm

▲新見市阿哲峡　1956年

シータテハ

岡山県版RDBで絶滅となっており、わずかな標本しか残されていません。北方系のチョウで、中部地方以北ではむしろ普通種です。当館では湯原町産とあわせて2頭の標本を保管しています。

開張：53mm
▲足守町（現岡山市）1949年

ヒョウモンモドキ

岡山県版RDBで絶滅。岡山県北部の標本が多く、南部の標本はほとんど残っていません。遙照山は文献のみの記録なので、足守町産が唯一存在する標本と言えます。同町の標本は、当館に2頭が保管されています。

オオウラギンヒョウモン

岡山県版RDBで絶滅。現存する本県の標本は蒜山など北部のものが中心で、この清音村（現総社市）の標本のように県南のものは大変貴重なものです。現在このチョウは全国的にも極めて限られた地域でしか見られません。

開張：58mm
▲清音村（現総社市）1952年

開張：25mm
▲新見市長屋　1972年

ベニモンカラスシジミ

倉敷昆虫同好会の会員がこの亜種を発見しました。ホロタイプ標本（新記載の基準となる最も大切な標本）は九州大にありますが、パラタイプ標本（ホロタイプに準じる標本）は本館（8頭）と九州大、大阪市立自然史博物館に保管されています。

クロツバメシジミ

岡山県版RDBでは絶滅危惧Ⅱ類。美観地区がこのチョウの生息地であったことは有名ですが、標本はそれほど残っていません。当館は美観地区に隣接しており、この標本はお宝として大切にしたいと思っています。

開張：23mm
▲倉敷市鶴形山　1949年

開張：22mm
▲高梁市玉川町玉　1959年

ホシチャバネセセリ

岡山県版RDBでは絶滅危惧Ⅰ類ですが、近年記録がなく絶滅が心配されています。当館の８頭の標本のうち、この写真の産地はあまり知られておらず、おもしろい存在だと思います。

ヒメスズメ

岡山県版RDBで絶滅危惧Ⅱ類。岡山市で6頭、総社市で1頭、吉備中央町で1頭の古い記録があるのみです。この8頭のうち3頭を当館が保管しています。

開張：52mm
▲西大寺市（現岡山市）1964年

開張：34mm

▲児島市（現倉敷市）下津井　1965年

アオモンギンセダカモクメ

岡山県版RDBでは準絶滅危惧の扱いですが、今まで倉敷市、総社市、津山市で数頭が採集されているだけで、最近の記録はありません。

ギンモンアカヨトウ

当館では玉島市（現倉敷市）2頭、庄村（現倉敷市）1頭、西大寺市（現岡山市）1頭を保管しています。岡山県版RDBでは準絶滅危惧ですが、近年記録はなく、現在はもっと厳しい状況かもしれません。

開張：21mm

▲庄村（現倉敷市庄）1970年

開張：51mm

▲倉敷市栄町（現阿知）1966年

オオチャバネヨトウ

岡山県版RDBで絶滅危惧Ⅱ類。倉敷市の古い記録しかありませんでしたが、2010年に岡山市と玉野市で再発見されました。ガマの湿地が生息地ですが、環境の急速な悪化から再び記録は途絶えています。

倉敷昆虫館が関わる行事

◎重井薬用植物園と共催で行う行事

倉敷昆虫館と同様医療法人創和会が運営する重井薬用植物園において、年3回行われる「虫とりと観察」をする行事です。

「みんなでたんけん！　夜の昆虫観察会」(7月)

ライトにどんな虫がやってくるのか楽しみだ

樹液に来る虫を探す

セミの羽化も見られます

「夏の！虫をつかまえて　みる　かい！」(8月)

池のほとりでトンボを待つ

とった虫を自慢しあう

「秋の！虫をつかまえて　みる　かい！」(9月)

草むらでバッタを探す

林内での虫探し

林縁でカマキリを探す

湿地上を飛ぶトンボを捕まえる

◎文化講演

しげい病院では、一般の方を対象に病気や健康に関する「健康講座」が医療スタッフを講師に毎月1回開催されていますが、そのうち年2回は文化講演として重井薬用植物園と倉敷昆虫館の職員がそれぞれ担当し植物や昆虫に関する話題を取り上げてお話ししています。

平成27年(2015年)からはしげい病院医療支援部からの要請で、子どもたちにも参加できるような学習を主体の講座に切り替えました。以後4回(2018年は除く)ほどは「昆虫の体ふしぎ発見」シリーズを続けました。

「昆虫の体
ふしぎ発見2」

2016年

大人も子どもも　クイズに挑戦

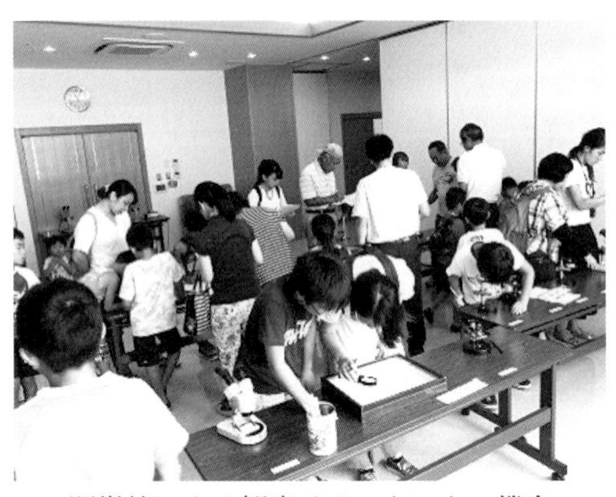

顕微鏡による観察はめったにない機会

◎博物館まつりへの出展参加

毎年11月3日（倉敷市立自然史博物館および倉敷昆虫館の開館記念日）に博物館で開催される「博物館まつり」に2010年より出店参加しています。

「重井薬用植物園の昆虫」 2012年

「大きい虫小さい虫」 2013年

倉敷昆虫同好会の紹介

1914年に設立された大原農業研究所（1951年岡山大学に移管され、翌年岡山大学農業生物研究所となり、1988年資源生物研究所に改組、2010年に資源植物科学研究所に改組）の昆虫学者の方々の指導を受けながら活動していた学生達が中心となり1951年に同好会が設立されました。そして、この研究所を拠点として主に岡山県の昆虫相解明のための調査活動を行い、その成果をもとに報告会や機関誌での発表に尽力してきました。

1962年には同好会の顧問であった重井博氏が重井病院を設立され、その屋上に倉敷昆虫館が造られました。そして同好会事務局も岡山大学農業生物研究所からこの倉敷昆虫館に移り、標本の集積・保存・展示はもとより、文献の保管や閲覧ができる場所として、また会員の交流の場所としての拠点となりました。この状況は現在も続いています。

このように本会は他の同好会に比べて誠に恵まれた同好会といえるでしょう。

倉敷昆虫同好会主催昆虫研究発表会の参加者
1953年5月1日（於：岡山大学農業生物研究所）

近年会員は110人前後で推移していますが、他県の博物館などに勤務しながら会員を継続している者や研究のための機関誌「すずむし」の読者など県外会員が3分の1を占めています。

会の目的は

昆虫学に関するあらゆる研究を行い、その進歩普及をはかり、あわせて同好者間の親睦を増すと謳われています。

これまで力を入れてきた岡山県の昆虫相解明という大きな目標は今後も変わりませんが、会員がお互いに楽しみながら、自然の中で命を育む昆虫を観察し、記録し自然保護にも目を向ける同好会でありたいと考えています。

主な活動は

○機関誌「すずむし」、連絡紙「KURAKON」の発行
○例会の開催
○採集観察会の開催
○倉敷昆虫館の運営協力
○全国同好会等と刊行物の交換と文献の蓄積
○その他、共通テーマのもと調査活動を実施することもあります

会員の特典は

○機関誌、連絡紙の受領と執筆ができます
○会の諸行事に参加できます
○倉敷昆虫館の運営に協力できます
○事務局に保管されている文献の閲覧、借り出しができます
○ホームページ掲示板で情報交換ができます

最近の記念事業

［六〇周年記念事業］

●重井薬用植物園の昆虫類調査
　2011年3月～11月
（調査報告は「すずむし」147号）

［七〇周年記念事業］

●昆虫写真展
　2011年8月1日～11月10日

●倉敷市真備町・船穂町の昆虫調査
　2023年3月～11月
（調査報告は「すずむし」158号）

機関誌「すずむし」の発行

１９５１年同好会発足と同時に創刊しました。創刊当時は研究報告文のみならず、連絡誌も兼ねていたため、内容も多岐にわたり、１９５５年までは毎月発行の体制でした。１９５６年からは会報（連絡誌）発行に伴い年４回刊、１９６６年からは年２回刊となりましたが、１９７２年からは年１回となり現在に至っています。

内容は、会や会員による採集・調査・研究の成果を発表するもので、岡山県内の昆虫相の解明に大きく貢献しています。

すずむし158号
(2023.3.31発行)

会報（連絡誌）の発行

１９５６年からは機関誌と併せて会報を発行しましたが、１９６７年からは「倉昆ニュース」と名前を改め、１９７２年まで２５号発行しました。

１９７３年より誌名を「臥牛」に変更し、１９８３年まで２７号発行しました。

１９８４年より「KURAKON」と改称し、今日に至っています。２０２３年６月１０１号。

内容は会員への連絡事項が中心となりますが、採集記など自由な内容の記事も載せています。

KURAKON

倉敷昆虫同好会 2023年度夏の例会（案内）

KURAKON 101号
(2023.6.29発行)

文献の収集と閲覧

機関誌「すずむし」は、各地の同好会や科学博物館などの機関誌や研究報告書等の文献との交換をしており、受け入れた文献は全て書棚に保管し、常に閲覧が出来るよう整理しています。

会員のみならず昆虫愛好家、研究者等の閲覧にも供しており、会員には貸出もしています。

このことも事務局が会員の自宅でなく、昆虫館内にあることのメリットといえるでしょう。

収蔵された文献の一部

倉敷昆虫同好会が編集した書籍

岡山文庫「岡山の昆虫」日本文教出版（文庫判）

同好会員が撮影した生態写真による岡山県の昆虫ハンドブックです。（1968年刊）

原色図鑑「岡山の昆虫」山陽新聞社（B6判）

同好会員が捕虫網をカメラに持ち変えて5年の歳月をかけ、虫たちの生活の一コマを撮影した生態図鑑です。（1988年刊）

例会

現在、夏季及び年末の2回開催しており、会員外も参加できます。会場はしげい病院5階の大ホールを使わせてもらっていますが、コロナ禍の数年は別の会場を使用しています。

2011年12月
年末例会
参加者31名

2016年12月
年末例会
参加者24名

一泊調査会

毎年1回、県内で懇親会を兼ねた泊を伴う採集会を行っています。夜間のライトトラップ採集がメインですが、各自が周辺の採集も行います。
今後日帰りの採集会の実施も検討しています。

2019年7月
新見市大佐町
大井野周辺
(泊) 源流休暇村
山の家

↑
ライトトラップ
による採集

山の家での →
懇親会

入会の方法

①倉敷昆虫同好会ホームページから入会

掲示板（会員用）のフォームへ記入して申し込む

※併せて郵便振替にて年会費を納める

②メール、ハガキ等による入会

以下の内容を書いて事務局へ申し込む

○氏名

○郵便番号　○住所

○電話番号

○職業（学年）　○生年（西暦）

○興味ある分野　○メールアドレス

※併せて郵便振替にて年会費を納める

③会費振込みと同時に入会

振替用紙の通信欄に②の内容を記入して申し込む

④事務局で直接入会

申込書に記入し、年会費（現金）を納めて申し込む

郵便振替口座：01210-2-6927

加入者名：倉敷昆虫同好会

※振替料金は別途ご負担ください。

倉敷昆虫同好会事務局

〒710-0051　岡山県倉敷市幸町2-30　しげい病院

倉敷昆虫館 研究室内

電話：086-422-8207

E-mail：kurakon@shigei.or.jp

倉敷昆虫館

〒710-0051 岡山県倉敷市幸町2-30 しげい病院1F
電話 086-422-8207
e-mail:kurakon@shigei.or.jp

原稿執筆：岡本　忠（倉敷昆虫館）
　　　　　岡野貴司（倉敷昆虫館）
執筆協力：山地　治（倉敷昆虫同好会）
　　　　　守安　務（倉敷昆虫同好会）

倉敷写真文庫 2
なぜ病院に昆虫館があるの？
倉敷昆虫館

二〇二三年九月一日　初版発行

監　修　岡本　忠

編　集　石井編集事務所書肆亥工房

発行人　石井省三

発行所　書肆亥工房
岡山県倉敷市児島小川九-三-十七
郵便番号　七一一-〇九一二
電　話　〇八六-二二五-三一七〇（総代表）
　　　　〇九〇-三七四九-八三三四（直通）
E-mail:shozo-i@gaikobo.jp
https://gaikobo.jp

印　刷　富士印刷株式会社

ISBN978-4-915076-57-2 C0045